ピィピィ
ガァ
ガァ
エヘッ
ピヒ

我的小小农场 ● 12

画说鸭

我的小小农场 12

画说鸭

【日】古野隆雄 ● **编文**　【日】竹内通雅 ● **绘画**

你也见过在公园的池塘里嬉戏的野鸭吧。
那么，你见过在水田里的稻鸭吗？
和公园的鸭子相比，样子稍微不同。
为什么稻鸭会生活在水田里呢？
和公园的鸭子有什么不同呢？
大家饲养稻鸭的同时，也去发现
水稻和鸭子之间有趣而又奇妙的关系吧。

中国农业出版社
北京

1 水田里生活着许多生物！

现在，大多数的水田经过严格划分，很多水渠也都是使用混凝土建造的。在这样的水田里，除水稻之外，好像只生活着红蜻蜓和青蛙。在任何地方都找不到生活着鱼的水田了。但是，你们的爷爷、奶奶在孩童时期，也就是距今五十年前左右的农村，周边都是泥水池和水渠。房屋都是稻草屋顶。水田内生活着鱼或者家禽，每家农户都饲养着牛、马、山羊、绵羊、鸡和兔子等家畜，非常热闹。

水田中生活着许多生物

很久以前，插秧时如果遇到下雨的天气，肚子中塞满鱼卵的大鲫鱼或者鲇鱼会从水渠逆流而上，进入水田内产卵。不久之后，在水田中就可以看到很多小鲫鱼或者全身黑色的鲇鱼鱼苗。和现在的水田不同，以前的水田里生活着鱼、昆虫等生物，比如，鲫鱼、鲇鱼、泥鳅、虾、青蛙、水蛭、水蚤、龙虱、田鳖、水蝎……可谓应有尽有。

水田是什么地方？

毋庸置疑，水田就是种植水稻的地方。字典中写到〝水田——加入水，种植水稻等的耕地〞。但是，只有这些吗？在博物馆中，展示着描绘古代水田的粘土板。在那里，描绘着水稻、人、鱼和鸟。所以，从很早以前开始，亚洲的水田内不仅种植水稻，还养殖鱼、虾和家禽（鸭子），供人们食用。截至二十世纪五十年代，在日本的水田中还可以捕捉到鱼（泥鳅）、虾和田螺来食用。在日本长野县佐久地区，利用种植水稻的水田养殖鲤鱼，这种传统技术叫做〝水田养鲤〞，非常有名。

2 从野鸭到家鸭，然后出现了稻鸭

那么，“鸭子”的种类你知道多少呢？野生的鸭子中，有短颈野鸭、罗纹鸭、野鸭、大型鸭等很多种类。在河流、公园的池塘以及动物园中，都可以看到鸭子的身影。这些鸭子夏季在西伯利亚或者堪察加等寒冷地区产蛋繁殖，秋季漂洋过海来到南方，到了春天再次飞回到北国。鸭子也是候鸟。

鸭子和家鸭的关系?

从秋天到冬天，在大的池塘或者河流里，生活着很多鸭子。很久以前，世界上任何地方都有鸭子。鸭子是离我们生活很近的家禽。但是，你知道野鸭和家鸭的区别吗？鸭子是对捕捉到的野鸭进行驯化，作为家禽而培育的品种。据说，3 000~4 000 年前，中国已经开始驯化野鸭。稻作也只是 2 000 年前传入日本，可见饲育鸭子的历史之久。日本还留有平安时代饲养鸭子的遗迹哦。江户时期结束前后，在欧美国家改良过的家鸭从长崎县传入日本。明治以后，日本开始正式饲养。1877年，日本从美国进口了北京鸭，并形成了产业化。

提供肉和蛋的家鸭

在越南、菲律宾、印度尼西亚、中国等亚洲地区的水田地带，几乎都可以找到鸭子的身影。与喜好干燥且不耐热的鸡相比，在热带、亚热带或者水分充足的地方饲养的鸭子为杂食性家禽，喜爱水且耐热性强，能够在水田、河流或者池塘放养。养鸭的目的是为了获得肉和蛋。就像我们平时吃鸡的肉和蛋一样，亚洲国家的人们平时也会吃鸭的肉和蛋。

亚洲水田中的鸭群

在亚洲水田地带，一边沐浴着阳光，一边用竹竿赶着鸭群，这是一幅多么美好的田园风光啊。在热带或者亚热带，和鸡相比，鸭子的产蛋量更多。而且，水田和水鸟都与"水"非常投缘。很久以前在亚洲各地，据说有"鸭子游牧民"存在。在水稻收割后的大平原，秋高气爽，旅人们一边让鸭子吃着散落的稻穗或者小鱼，一边悠然旅行几个月。在印度尼西亚的爪哇岛，这些旅人被称为"Saint Royo"。想象一下他们的生活状态，是不是羡慕不已呢？

稻鸭的诞生

在日本，任何肉店都不会使用"鸭子肉"这个名称来销售，都称作"稻鸭"。稻鸭（杂种鸭）是家养母鸭和野生的公绿头鸭杂交培育出的品种。也就是说，由家鸭和野鸭交配培育出了稻鸭，很复杂吧？家鸭原本就是野鸭经过品种改良产生的，为什么又特意拿来和野鸭交配呢？原来，肉用的家鸭为了获得更多的肉，身体经过改良后虽然变大了，但是味道变得很淡。所以，要和身体很小，但是味道很好的野鸭再次交配。

3 稻鸭是什么样子的鸭子呢？

稻鸭是雌性的家鸭和雄性的野鸭交配培育出来的品种，所以，稻鸭兼具家鸭和野鸭两种特性。观察一下稻鸭的雏鸭脸部，尽管非常可爱，但是还保留有野鸭的敏锐与强壮。家鸭的雏鸭是什么样呢？家鸭经过驯化，和稻鸭相比动作更稳重，可以在很短的时间内变胖变大。稻鸭与家鸭相比，动作更敏捷、更快。但是，稻鸭具有野生特性，对外界略微敏感。所以，想要捕获的时候，家鸭可以非常容易地被抓住，但是稻鸭动作敏捷，非常难抓到。

皮脂腺

在稻鸭屁股的部位长有产生脂肪的腺体（分泌器官）。这里分泌的油脂通过鸭喙涂抹在羽毛上，可以防水。

蹼

观察一下稻鸭的脚。三根脚趾之间长有蹼，也正是蹼的作用，使稻鸭可以在水面上自由地游动。

行为模式

你听说过夜盲症吗？就是在光线暗的时候，眼睛看不到任何东西，鸡就有夜盲症的问题，但是稻鸭的眼睛即使在夜晚也可以看到东西。所以，无论是清晨还是深夜，稻鸭都可以在水田中活动。月光皎洁的夜晚，可以观察到稻鸭在明亮的月光中嬉戏。如果你对动物的夜盲症感兴趣，可以调查一下鸡等其他动物。

鸭喙和过滤器

稻鸭的鸭喙由上喙和下喙两部分组成。撬开鸭喙，观察内部结构。鸭子的舌头和鸭喙的边缘长着像梳子一样锯齿状的过滤器。稻鸭的喙一张一合地将浮在水上的食物和水一起吃进去的时候，过滤器能够过滤食物，然后只将水吐出来。

4 一鸭万宝，水田中的稻鸭非常有趣

6 月，初夏的风拂面吹来，插秧结束的水田中，可爱的稻鸭雏鸭成群结队，心情舒畅地游动。水稻的秧苗还很幼小，很容易被推倒，但不可思议的是稻鸭竟然可以在水田中活动自如而不会伤害到水稻的幼苗。它们高兴地吃着水田中的杂草、水稻的害虫和泥中的草籽。但是，你可以放心，稻鸭不会吃水稻的叶子哦。快到水田旁观察一下被称为“一鸭万宝”的稻鸭世界吧，非常有趣哦。

稻鸭和稻作同时培育

“水田就是种植水稻的地方。”这是一般人的常识，你也是这么觉得的吧？一般的稻作的确是这样。但是，在水田中放养稻鸭的方法略有不同。用这种方法可以同时培育水稻和稻鸭，所以，这种方法叫做“稻鸭共作”，非常切实可行。简单地说，在普通的水田中，只能生产出稻谷来做成米饭，但是在有稻鸭的水田中，能够同时产生米饭（稻谷）和菜肴（鸭肉）。总之，这种方法就是在一片水田里，同时进行稻作和畜产。据说，家禽的作用主要有三种，即功能用（获得肉或者蛋）、肥料用（获得制作堆肥的粪便）和役用（拉犁工作），那么稻鸭属于哪种呢？其实，三种都符合。尽管稻鸭也可役用，但是和拉犁的牛和马等的役畜非常不同。在灌满水的广阔水田中，稻鸭自由游动、吃食、睡觉和玩耍，这些看似悠闲的行为反倒促进了水稻的生长。边玩边干活，可见稻鸭是一种快乐的役畜。怎么样，相当深奥吧，请不要瞧不起它们哦。

将肥料（粪便）送给水稻

噗~

刺激水稻生长

搅拌土壤，水变得浑浊，
杂草很难生长

一鸭万宝的想法

稻鸭能够吃掉杂草和害虫，消灭水田的敌害；它们来回游动将水弄浑浊，使杂草难以生长；它们用嘴不停地在水稻植株上寻找食物、刺激水稻，促进水稻茁壮生长。而且稻鸭的粪便也会变成水稻的养分，最后，稻鸭还会献上美味的鸭肉。"一石二鸟"还是"一石五鸟"呢？不不，这样说可能有点不礼貌。"一石二鸟"是说扔出一块石头，能够命中两只鸟的非常幸运的词语，但是，对于鸟来说这是最糟糕的事情。尽管想表扬稻鸭，却使用了这么失礼的词语。所以，人们尝试创造了"一鸭万宝"这个新词。那么，稻鸭和水稻共同编织的世界就可以称为是"一鸭万宝的世界"了。关于稻鸭给水稻带来的好处以及水田给稻鸭带来的好处，可以参考书后的详细解说。

杂草或者害虫变成资源

我们人类将自己设定为自然的中心，定义了"杂草"、"益草"，"害虫"和"益虫"。的确，在普通的水田内，人们会认为杂草或者害虫是有害的，所以要喷洒除草剂和农药除掉它们。但是，稻鸭水田里却不同。本应该是有害的杂草和害虫，在稻鸭水田中变成了稻鸭重要的食物（资源），然后变成血液、肉和粪便，最后变为水稻的养分。这样的逆转，就是一鸭万宝世界的独特性和趣味性。杂草的另一个定义是"人类还未发现如何有效利用的草"。其实，杂草与害虫并非是我们平日所想的那样一成不变，随着农业方式（技术）的改变，对于杂草的利用方式也会改变。稻鸭通过稻田教会我们"不要轻易下定论"。

5 稻鸭的伙伴们

现在在日本，用于稻鸭共作的稻鸭或者家鸭的品种主要包括樱桃谷鸭、绿头家鸭、大阪改良鸭、萨摩鸭、稻鸭、野鸭等。大概可以将它们分为家鸭型的大型种、稻鸭型的小型种两种。在水田里和水稻一起培育选择哪个种类比较好呢？那必须要从稻作和畜产两个方面来考虑。

公稻鸭

150 天后，体重达到 1.5~2 千克。家鸭和野鸭杂交而成。出生超过 120 天时，公鸭的脖子和头部的羽毛变为美丽闪亮的青绿色。

母稻鸭（左）和在田埂上休息的雏鸭（右）

即使长大后，母鸭的毛也一直都是茶色的。而且，母鸭经常声音响亮地叫，但公鸭的声音低沉，几乎不叫。右边是在田埂上休息的雏鸭，羽毛的颜色不论是公鸭还是母鸭，还都一样。

一旦进入水田，稻鸭会一刻不停地轻啄水稻，吃草或者昆虫。

雏鸭

出生不久的雏鸭。很难确认是公鸭还是母鸭。

蛋的颜色

有青色或者淡茶色的蛋。

水田中应该选择哪种稻鸭？

从稻作方面分析

这里介绍的种类，任何一种对于水稻的效果都没有太大的区别。由于家鸭是大型种可以迅速长大，水田放养前期需要特别注意；稻鸭等小型种虽然生长速度慢，但是略带有野生特性，对外界有些敏感。

从畜产方面分析

家鸭型的大型种经过三个月左右就可以长大，能够食用；而稻鸭长大需要五个月左右，且肉量较少，但是味道很好。到底选择哪种，经过讨论后决定吧。

萨摩鸭

五个月后，体重达到 2.5~3 千克。从中国原有的家鸭中选育而成。左边是母鸭，右边是公鸭。圆圈内为雏鸭。右上方为在水田中工作的萨摩鸭。

绿头家鸭

100~120 天后，体重达到 2.5 千克。作为绿头稻鸭在市场中销售。

大阪改良鸭

70 天后体重增长到 3 千克。通过改良后肉质优良的大阪鸭。

樱桃谷鸭

约 3 个月后，体重达到 3.6~4 千克的白色、体型大的家鸭。上图为在水田工作的樱桃谷鸭，下图为雏鸭。

野鸭

野生的鸭子，作为冬季候鸟来到日本，在河流、池塘或海岸等地过冬。头部青绿色的为公鸭，茶色的为母鸭。

6 水稻的栽培日历，稻鸭的饲养日历

水稻的作业通常就是生产大米，没有太大的区别。但是，在普通的稻作中，培育秧苗的育苗期仅有 25 天，而在有稻鸭的稻作中，最好培育 30~35 天，这样培育出来的秧苗才会又大又健壮。在水田里种植健壮的秧苗，能够很早就在水田内放入稻鸭。但是如果秧苗太小，稻鸭会伤到秧苗；在水田中放入稻鸭晚的话，水田中又会生长出杂草，所以，一定要把握好水田的育苗期。

从播种到插秧
30~35 天

水稻栽培
日本九州的情况

播种 —— 插秧 —— 落干

稻鸭饲养

饲养雏鸭 7~10 天 …… 放入水田中

配合插秧，取来雏鸭　安装电力栅栏

稻鸭的作业

稻鸭的作业相对来说很简单。收到雏鸭后，放在育雏箱中饲养一周左右。然后，将其放入水田中，每天早上进行喂食。另外，不要忘记设置电力栅栏。在将稻鸭放入水田里之前，如果不设置好栅栏的话，稻鸭有可能会遭到狗、狐狸或者黄鼠狼的袭击。

放入水田的时机

插秧结束后，尽可能在 7~10 天内放入稻鸭的雏鸭。因此，要提前向孵化场订购雏鸭，以便在插秧日能收到雏鸭。稻鸭孵蛋 28 天左右就会破壳，所以最好在三月时进行雏鸭的订购。

2月　3月　4月　5月　6月　7月

水田的水管理

将稻鸭放入水田后的水管理，原则上是一直保持水田有水的状态。保持既能够让稻鸭游动又能够走动的深度为最佳。水过深的话，稻鸭的脚或鸭喙够不到水田中的泥土，不能让水变浑浊；水太浅的话，稻鸭又会变得全身是泥。

水稻品种的选择

虽然从北方到南方都有进行稻鸭共作的农户，但是，这样做并不是为了生产出特别的水稻品种，在各地种植的普通品种也没关系。但是，必须要事前考虑的是水稻的病害。稻鸭擅长吃杂草和害虫，但是不能消除水稻的病害，这也是理所当然的。进行稻鸭共作时，最好选择抗稻瘟病、纹枯病等水稻疾病能力强的品种。到底是什么品种呢，这要根据当地的自然条件决定，可以咨询当地农业改良普及中心或者其他农户。

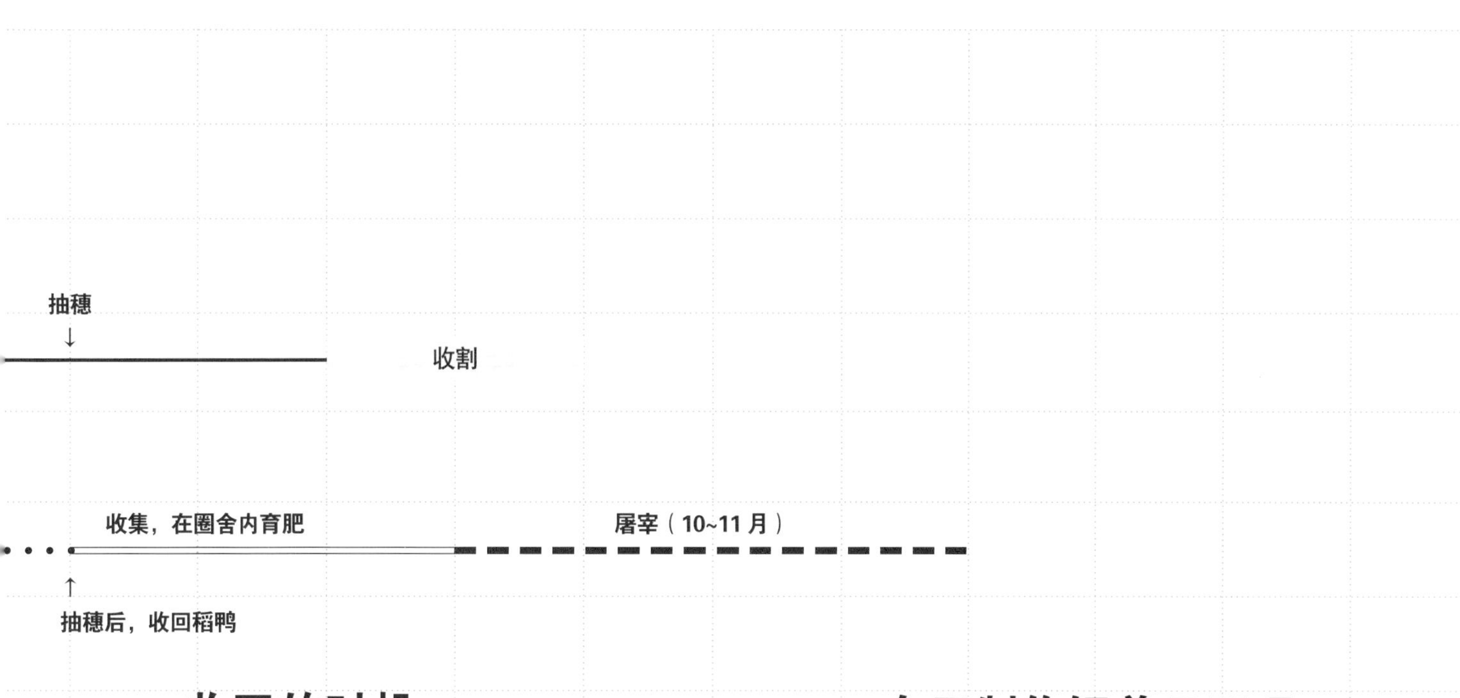

收回的时机

稻鸭虽然不吃水稻叶子，但是也会伸长脖子吃抽穗之后的稻谷。所以，在水稻抽穗前，要从水田中收回稻鸭。

自己制作饲养日历吧！

这里介绍的饲养日历是根据日本九州地区的情况制作的。一边参考这个日历，一边根据自己居住地区的稻作情况，制订自己的饲养日历吧！

8月 9月 10月 11月 12月 1月

7 稻鸭的雏鸭诞生了！

终于可以挑战稻鸭养殖和水稻耕作了。在学校附近寻找出租的水田。需要准备的东西有水稻的秧苗（育苗可参考书后解说）、电力栅栏、田埂型罩布、育雏箱和稻鸭的雏鸭。水稻的播种在插秧的 30~35 天前进行。为了让雏鸭在插秧时到达，需提前订购。嘿，要开始忙起来了哦！平整秧田，向水田内灌水后，开始插秧。雏鸭到了之后，给雏鸭喂食白糖水并进行保温，然后搭建电力栅栏或者防乌鸦的绳子……每 1 000 平方米水田，准备 20~30 只稻鸭的雏鸭。

育雏箱的制作

方法和保温

如图所示，制作育雏箱吧。这是饲养 50 只雏鸭用的箱子。材料选用木板或者胶合板。在四角的方木料上，使用钉子固定四张木板。盖子使用两张金属纱窗制作而成。为了保温，在地面铺设泡沫塑料板，并在上面铺上厚 20 厘米左右的稻壳。育雏箱整体采用畜产灯泡进行取暖。另外，可以用透明的塑料布覆盖整个育雏箱，在寒冷的时候，在上面盖上厚厚的棉被。通过观察雏鸭的行为，可以判断育雏箱内的温度是否最佳。温度过低时，雏鸭们会聚集在一起，一动不动；温度适宜的话，雏鸭们心情舒畅，会迷迷糊糊地睡觉，或者快乐地四处跑动。原则上，白天通过阳光照射就能保证温度，这时仅用透明塑料布就可以了。如果天气暖和，还可以将塑料布稍微掀起来一部分。一定要在雏鸭到来之前，准备好育雏箱及保温装置。

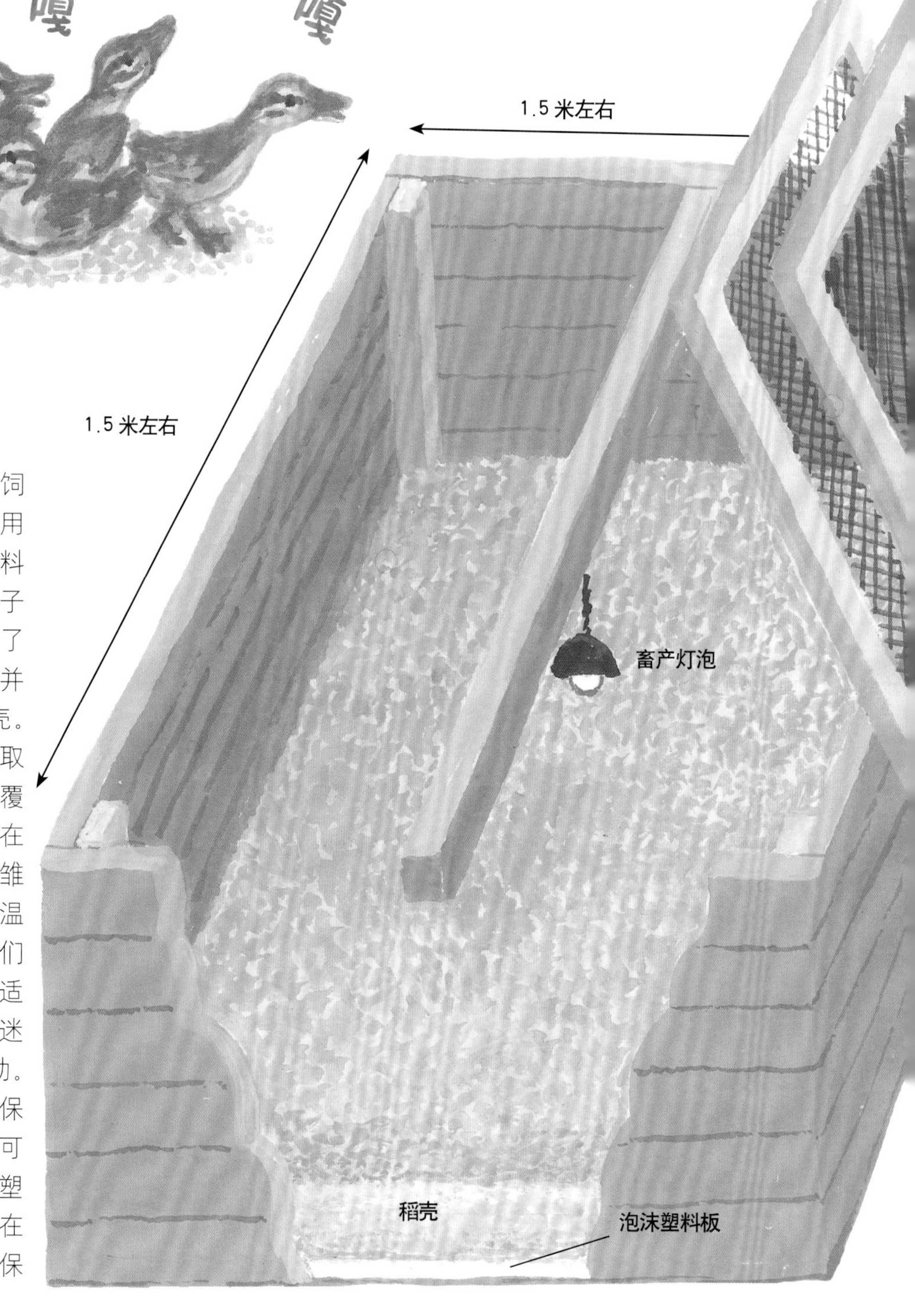

雏鸭送到之后

雏鸭送到之后，首先确定数量，检查是否有萎靡不振的雏鸭或者死掉的雏鸭。然后，给孵化场打电话告知结果。这是雏鸭们出生之后的第一次长途旅行，它们一定非常劳累吧。先给雏鸭喂食甜度适中的糖水，然后把它们放入育雏箱，之后的一小时左右仅喂水。如果雏鸭送来的时间正是天气较凉的5月，需要将育雏箱预热后再从运输箱中取出雏鸭。打开畜产灯泡，在育雏箱上盖上塑料布。注意不要让畜产灯泡直接接触塑料布和稻壳，那样的话容易发生火灾。

饲料和喂水

稻鸭是水禽，会交替进行喝水和吃食，所以如果没有水，它们也很难吃食。一定保证同时给稻鸭喂水和饲料。最初的饲料可以是泡在水中的碎米。稻鸭吃过碎米之后，可以给它们喂食鸡的幼雏食用的饲料。料槽最好选用点心盒盖等又浅又平的容器。喂料次数可以每天3次，大概目标是喂食的饲料如果在2小时内吃不完的话，确保下一次喂食时，保证完全吃完的程度。稻鸭最喜欢绿色饲料（杂草或者青菜），大家一起割杂草喂给稻鸭吧。没有必要将杂草切得过小，稻鸭自己会用鸭喙啄食。饲养雏鸭最重要的是水，要随时给雏鸭提供干净的水。另外，还要注意不要弄湿育雏箱。如图所示，可以使用鸡用喂水器。这种喂水器只能放入雏鸭的鸭喙，不必担心周围会淋湿了。

8 插秧后，安装预防外敌的电力栅栏和拉上尼龙线

在雏鸭到来的插秧日前，提前完成水田的平整秧田工作。所谓平整秧田，是指将田地地面（水田的表面）弄平，使杂草难以生长，这样的秧田插秧会更加容易。稻鸭共作时的插秧重点是尽可能保证秧苗稀疏。保证 30 厘米 ×30 厘米或者 30 厘米 ×24 厘米左右的间隔进行插秧。插秧的数量大概每处 2~3 株。插秧结束后，待雏鸭在育雏箱内平静之后，安装电力栅栏，拉上尼龙绳，防止稻鸭受到狗、狐狸、狸猫、黄鼠狼和乌鸦等外敌的侵袭。

电力栅栏

电力栅栏上使用 12 伏的电池，每隔 0.1 秒通入 9 000 伏左右的脉冲电流。插秧结束后，立即设置好电力栅栏。首先，在田埂的内侧铺上田埂型罩布。但是，灌水口和排水口处不要铺设田埂型罩布，要安装塑料网。与田埂型罩布内侧面相连接，每隔 4 米安装玻璃纤维制成的杆子。在距离田埂型罩布上方 3 厘米处铺设最下面的电线。这条电线在防止黄鼠狼等小型外敌的同时，还可以防止稻鸭逃走。最开始时，稻鸭体型小，没有能力越过田埂型罩布。当能够爬到田埂型罩布上时，会因受到电击而惊恐地返回水田中。安装电力栅栏后，在稻鸭进入水田前，在电线上挂上鱼肉卷吧，这叫做〝电力诱饵〞。电力栅栏安装设置完成后，要在旁边设置〝有电！请勿触碰！〞的牌子。非常遗憾，稻鸭的外敌们可不认识字哦。这时，电力诱饵就会发挥作用。如果去吃栅栏上的鱼卷，就会体会到强烈的电流的滋味。将稻鸭放入水田前，一定要试一下电力诱饵。每天给电力栅栏投放诱饵时，使用验电器调整电流的强度。电击强度如果变弱，可能是因为电池电量不足，也可能是因为电线上附着了杂草或者接触到了地面。如果定期检查这些项目，就不用怕稻鸭的外敌入侵了。

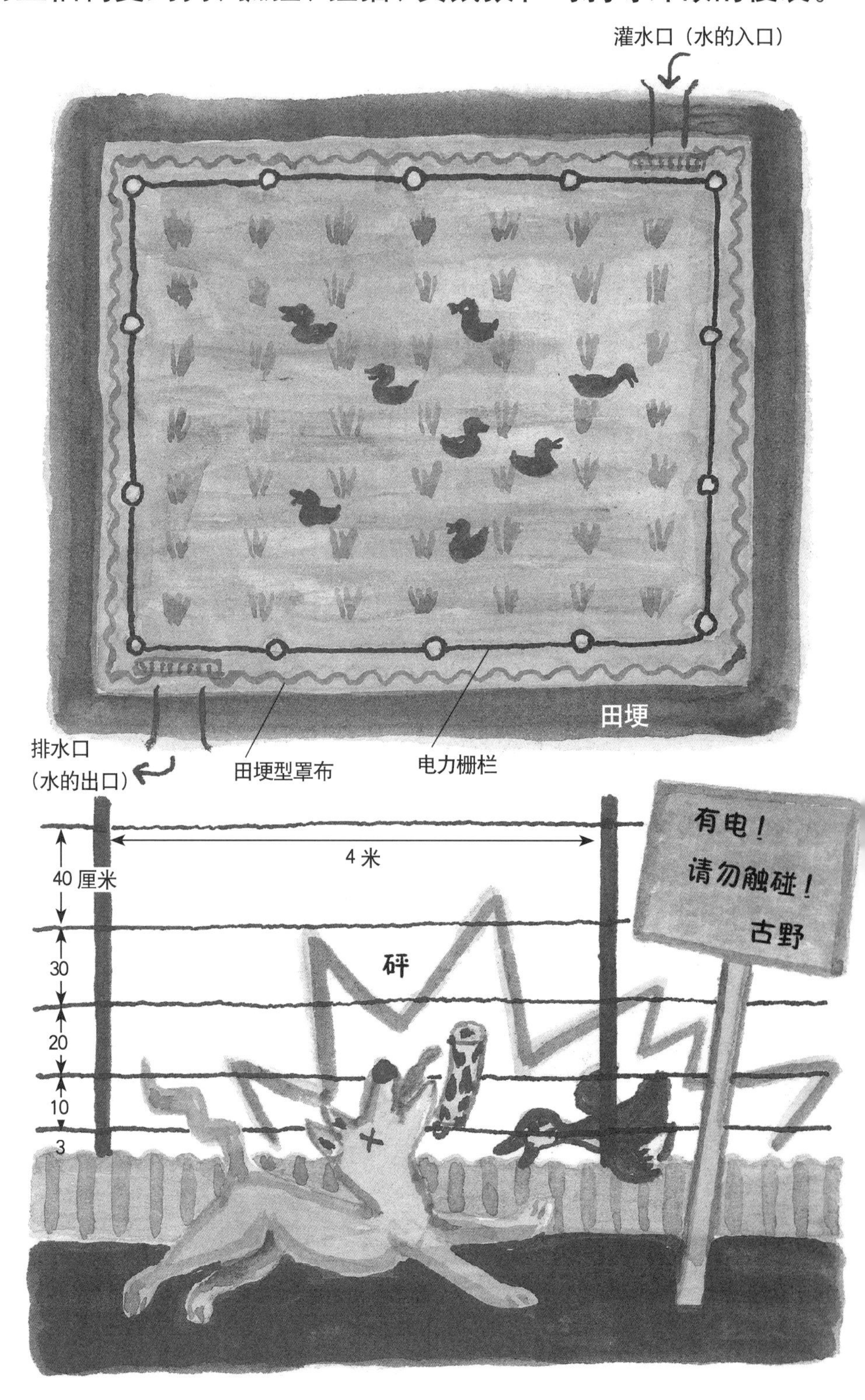

防止乌鸦的尼龙线

因为乌鸦可以从空中俯冲下来，所以电力栅栏不能防止乌鸦的入侵。乌鸦每天都起得特别早。夏天，早上四点左右它们就出来寻找食物了。针对乌鸦有许多的应对方法，但是目前最有效的方法就是尼龙线。其实，尼龙线就是鱼线，如图所示，拉上尼龙线吧。你可能会觉得"即使每间隔四米拉一根尼龙线，乌鸦也可以自由飞入吧"，但是没有关系。乌鸦入侵时，由于尼龙线拉得很低，当乌鸦再飞起时，尼龙线会弄伤它们的翅膀。乌鸦非常讨厌弄伤羽毛或者翅膀。如果不能自由飞翔，就失去了最重要的能力，也就很难生活了。所以，即使乌鸦想要袭击稻鸭，也不敢轻举妄动了。此外，还有吊挂死掉的乌鸦、放置稻草人、燃放火箭型烟火、制造磁带的声音等许多方法，但这些方法仅仅能够吓到乌鸦而已。开始时它们可能不敢攻击稻鸭的雏鸭，但是时间久了，习惯之后，就会再次发起攻击。针对防止乌鸦的袭击，你有什么好的想法吗?

建造休息的地方

虽说稻鸭是水禽，但并不是仅在水田的水中生活。它们一定需要一块能够休息的"陆地"。通常，会将水田的出入口设置为休息的地方。这里可以使用白铁皮或者石棉瓦搭建一个简单的能够避雨的地方。特别是将稻鸭放入水田 1~2 周后，避雨是非常重要的事情。下大雨时，稻鸭会聚集到这个屋檐下，相互抱团取暖。3~4 周后，无论下多大的雨，它们都会安然自若了。甚至有的稻鸭还会悠然地游来游去，不到屋檐下躲雨。在休息场所的角落，为防止外敌入侵，最好在电力栅栏的内侧设置 L 形的网。

9 插秧 10 天后，嘿，将雏鸭放进水田里吧

逐渐熟悉环境的稻鸭，在狭窄的育雏箱里一圈一圈地走动，像是在举行运动会。它们吵着想早点到水田里面吧！准备工作全部结束后，只等待秧苗和雏鸭生长。在此之前，当雏鸭送到后，我们可以立刻进行一个实验，那就是“印记学习”。在雏鸭中有很多有特征的小家伙，比如毛色全黑的、白色的、黄色的。选择具有上述特征的一只雏鸭放在地面上，试着对它用声音“来、来”打招呼，引导它来到你这边。如果将这只雏鸭单独放在一个箱子里，不让它和其他雏鸭生活在一起，它会认定人是它的妈妈，所以无论你走到哪里，它都会跟着你。这就叫做“印记学习”。

印记学习实验

鸭子等家禽常会将出生后最先看到的比自己大的移动物体当作妈妈。你可以利用这种习性，从送到的雏鸭中选择一只单独放在箱子中饲养，尝试“印记学习”实验。雏鸭非常亲近、可爱。但是，如果将这一只放回原来的群体中，印记学习的行为就会消失。送回到原有的群体中时，最好选择特征明显，容易识别的雏鸭，这样观察起来会一目了然。

秧苗和雏鸭的大小平衡

关于让雏鸭进入水田的时机，雏鸭和秧苗大小的平衡是非常重要的。如果雏鸭过大，会碰倒秧苗，对秧苗造成伤害。而且，偶尔也会发生雏鸭吃水稻秧苗的情况。相反，如果雏鸭过小，天气寒冷，雏鸭容易冻死。所以，应在插秧完成后的7~10天内，在水田中放入出生1~2周的雏鸭，秧苗选择35天苗为最佳。以上是最佳的组合方式，实际上，会稍微有偏离，即使最佳时期到来，突然将稻鸭放入广阔的水田内也不行。在此之前，必须先训练稻鸭游泳，使其熟悉水性。如图所示，在陆地（休息场）周围开凿宽30厘米的水渠，周围用田埂型罩布围住。

适应水性

天气晴朗的上午 10 点左右，将稻鸭放在水田中的地面上，稻鸭会自己慢慢地进入宽度 30 厘米的水渠。如果感到寒冷，它们会游到陆地上，然后主动在羽毛上涂抹油脂来调节温度。如果雏鸭长时间呆在水里，要将它们赶到陆地上，同时在陆地上喂食。通过这样的适应水性的练习，也可以让稻鸭记住休息地点。这样一来，将稻鸭放入水田后，即使遭遇暴雨，也不用担心稻鸭会因为找不到休息地点而无处避雨了。适应水性时，如果有感到寒冷的雏鸭，用温水来让雏鸭取暖吧。总之，要注意观察。第一天，在适应水性练习 2~3 小时后，将雏鸭放入育雏箱内，这样能够充分保温。第二天同样如此。如果观察一下，会发现和第一天相比，稻鸭对水的适应性更好了。连续 2~3 天，每天进行 2~3 小时的适应水性练习，最后铺着田埂型罩布，尝试将稻鸭一整晚都放置在水田中。

放入水田吧

切勿急于求成。选择天气晴朗、温暖，且没有风的日子。在放入水田前，要给稻鸭喂食足够的碎米饲料。然后取下田埂型罩布。稻鸭会在水田中自由自在地游动、吃草、吃虫……一副非常繁忙的样子。需要全天在水田旁注意观察，确认是否有感到很冷的稻鸭。如果感到冷，稻鸭的屁股会沉没在水里。它们能够顺利返回休息地点吗？如果雏鸭能够自己返回到陆地上，就基本成功了。如果感觉稻鸭好像很冷，将稻鸭放入澡盆中，用毛巾擦拭，然后将其放入育雏箱中取暖。

10 每天和稻鸭打招呼并喂食吧

如果呼唤“来、来、来”，稻鸭会飞快地游过来。饲料可以选用碎米、碎麦子、面包或者剩饭，任何东西都可以。稻鸭从不挑食，能吃食时，任何东西都能吃饱。对于在 1 000 平方米水田中投放 30 只稻鸭雏鸭的标准，最初应喂食 1/4 水桶左右的碎米。此外，也可以喂食一些面包或者剩饭。根据雏鸭的生长状况，适当增加饲料的喂食量。

喂食

每天早上，一边大声呼喊“来、来”，一边进行喂食。稻鸭一定会“啾啾”和“嘎嘎”地回应。如果没有任何应答，可能是发生了非常严重的事。首先，确认稻鸭的数量吧，有可能是受到了外敌的袭击。如果稻鸭精神饱满地回应，应该是没有问题。这个时期，稻鸭快速生长，骨骼、肌肉和羽毛等每天都会变大，食欲也非常旺盛。如果过量喂食的话，即使呼唤，稻鸭也会装作听不见，呆在田埂上睡觉。但是，如果喂食量过少的话，稻鸭会死掉。要注意观察，适量喂食，使稻鸭既不会肠肥脑满，也不会饥肠辘辘。另外，一定要在陆地上铺设塑料布，然后在上面放上料槽进行喂食，绝不可以在水田的水里进行喂食。如果饲料和水田的泥水一起吃的话，雏鸭有可能会患上西部鸭病。因为稻鸭每天都会早起，所以大早上就开始喂食吧。如果可以的话，最好傍晚再喂食一次。但是，不要忘记稻鸭并不仅仅靠你喂的饲料活着。杂草、昆虫、种子、小动物等，甚至它们自己的鸭喙几乎吞不下的田螺，它们都会吃掉。为了生存，稻鸭还保留了当有食物吃时，就会全力多吃的“野生”习性。

逃跑时的捕捉方法

稻鸭几乎不会逃跑，好像没有逃跑的想法。如果逃跑，可能是因为以下的原因。

①休息的地方不舒适时；

②杂草或者昆虫等自然食物很少时；

③电力栅栏变弱时；

④被外敌追赶时；

⑤田埂型罩布倒塌时。

逃走的稻鸭一定会啾啾地叫，想要回到伙伴当中去，还会沿着田埂型罩布轱辘辘地打转。因此，在田埂型罩布的接缝处，打开30厘米的开口，再横向放上箱子等障碍物，然后进行驱赶，稻鸭会自然地进入。使用带网的长手柄，或者在竹竿一端系上白布，沿着田埂型罩布慢慢驱赶稻鸭。要点是当稻鸭前进时我们前进，稻鸭停止时我们也停止。匆匆忙忙地驱赶的话，会使稻鸭恐慌，逃到旁边的水田里，或者逃到水渠里。一定要记住稻鸭并不是想要逃走，它们非常想回到伙伴当中去。

下面，针对⑤中提到的田埂型罩布倒塌的原因和对策进行说明。下大雨时，雨水会从稻鸭田上游的水田中流下来，田埂型罩布外侧的水位比内侧水位高的话，会导致田埂型罩布倒向内侧。如果发生这样的情况，稻鸭不得不逃走。所以，与上游水田接触的一侧的田埂型罩布应每隔20米就打开一处30厘米左右的接缝，然后安装塑料网。市场或者蔬菜店里有装豆子等的篮子，可以使用它的盖子当作塑料网。

11 观察稻鸭吧。到底在吃什么呢？

把稻鸭放入水田后，你的工作就是每天喂食、检查电力栅栏、观察稻鸭的状况并确认是否和平常不同。重要的事情要亲力亲为。使用望远镜观察稻鸭的世界，可以观察到稻鸭们的生活。观察稻鸭是很有趣的哦～

在水田吃什么呢

稻鸭到底吃什么呢？杂草、昆虫……确实如此。但是，还是用自己的眼睛实际观察，试着调查一下吧。有两种调查方法：①如第 24 页所示，制作对照区，与稻鸭区进行对比。如果调查各种杂草或者昆虫，就会明白稻鸭到底吃什么了；②解剖稻鸭，调查嗉囊内容物。所谓嗉囊是指位于稻鸭食道后端的袋子。如果觉得屠杀解剖很可怜的话，抓住稻鸭，朝着鸭喙方向从下向上推动嗉囊部分，吃下去的食物就会吐出来。调查时，要在抓稻鸭的 2 小时前，给稻鸭充分喂食碎米。肌胃（砂囊）装满之后，吃的食物都会储存在嗉囊当中，便于调查。

食用水田杂草、昆虫

稻鸭喜欢的草类有鸭舌草、矮慈姑、鳢肠、虻眼草、圆叶节节菜、紫萍、浮萍。

稻鸭讨厌的草类有稻稗、稗子、双穗雀稗、细秆萤蔺。

实际给雏鸭喂食时，就会了解雏鸭对杂草的喜好了。它们马上就会吃掉鸭舌草，但是不会吃稗子。

在食用的昆虫方面，只要是鸭喙能够到的昆虫，它们几乎都会吃。白背飞虱、稻褐飞虱、黑尾叶蝉、稻纵卷叶螟，北方的水稻负泥虫、稻水象甲，什么都可以。但是，尝试调查一下稻鸭是否吃臭的椿象吧。

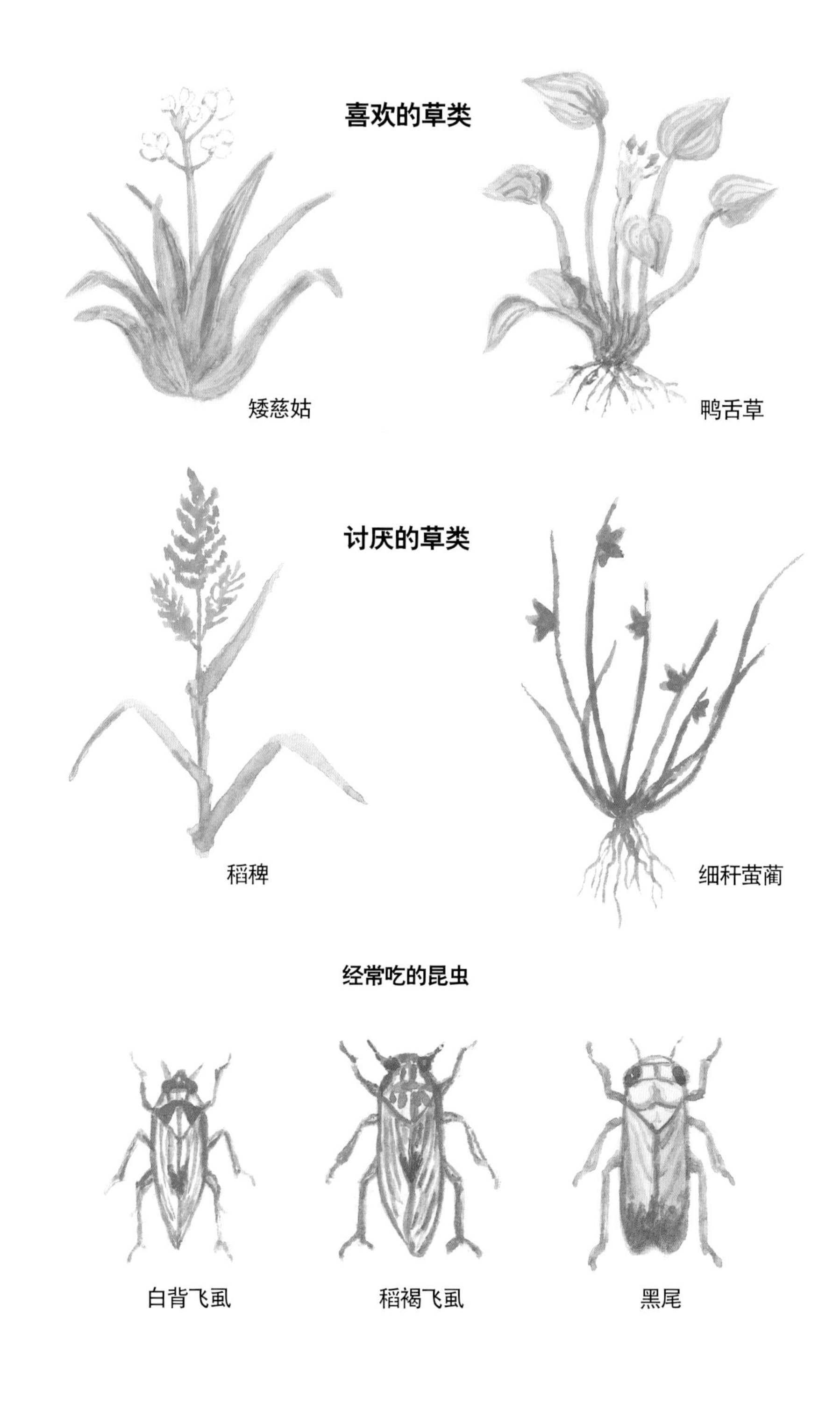

观察行为

观察水田中的稻鸭会让你忘记时间。尝试大家轮流观察稻鸭一天的行为吧。稻鸭们在休息场休息、睡觉、吃食、游动、吃水稻叶子上的虫子、吃杂草、将鸭喙插入水田的水中、潜水、整羽等。稻鸭长大之后，还会成群结队地〝跳舞〞呢。

夜晚也在活动

晚上，鸡的眼睛看不到东西，但其他的家禽仍具有一定的视力。尤其是稻鸭，到了晚上，它的眼睛也可以看到物体。我曾经好多次看过稻鸭一边沐浴着月光，一边在水田内游动的景色。将稻鸭放入水田后，它们会迅速长大。不知不觉，啾啾叫的雏鸭已经长出成年羽毛，叫声也变为了〝嘎嘎〞的声音。偶尔可以用照片记录下稻鸭成长的样子，也可以通过测量体重来观察记录。水稻长大了，鸭子也会变肥。稻鸭水田中还有许多值得观赏的事物哦。

12 观察水田。水田发生了什么变化?

如果从上面观察，看不到任何水田中稻鸭的鸭喙和脚蹼的动作。那该怎么办呢？在用玻璃制成的水槽中，放入清澈的水，然后通过让稻鸭的雏鸭在水槽中游动进行观察。可以从侧边观察，稻鸭好像在悠闲地游动，其实在水中努力地滑动着蹼。接着，在水槽的底部放入一些不会弄浑水的小石子，用小石子压住鸭舌草等水田杂草的根。最后，放入鲎虫或者鹄沼枝额虫，加入能够没过鸭舌草的水，让稻鸭在水里游动。

制作对照区

调查稻鸭水田时，可以制作对照区，辅助调查。在水田中拉上网子，围起一个稻鸭不能进入的区域，这个区域就叫做对照区。面积可以是3米×3米左右大小，如果水田面积小，也可以是1米×1米大小。通过观察对照区和稻鸭区的杂草和害虫，稻鸭的价值就会一目了然了。

浑浊水的效果

但是，稻鸭水田和普通的水田有什么不同呢？那就是"浑浊"。稻鸭水田的水总是浑浊的，而普通稻田的水质非常清澈。稻鸭用鸭喙和蹼将水弄浑浊。在将稻鸭放入水田3~4周后，触摸一下水田的土壤，就像布丁一样柔软、滑溜溜的，手感非常舒服。普通水田的土壤却非常坚硬，而且粗糙。等到11月份，可以试试用铁铲切下收割完成的稻鸭水田的土壤，观察其横断面。从上面开始约5厘米的地方可以看出，共有非常细小的土壤、颗粒稍大的土壤和大颗粒沙土三层。如果静置这三层土壤，会出现大的裂纹，很容易干燥。相反，如果有水时，颗粒细小的土壤容易吸水，适合稻作。稻鸭给水田带来的变化很有意思吧。

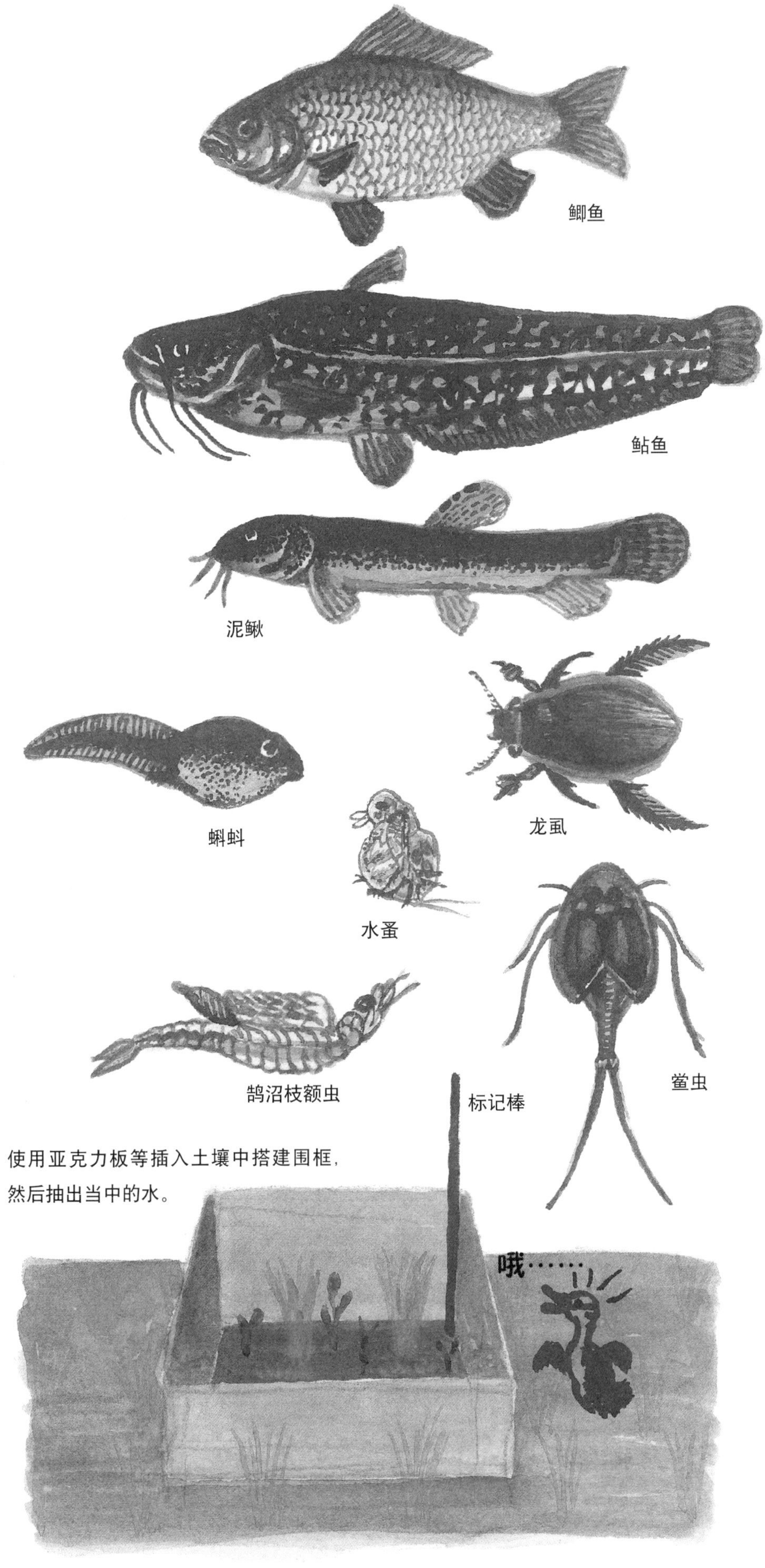

观察**生物**吧

鱼 你的稻鸭水田里有鱼吗？在放入稻鸭前，水田内的水质非常清澈，能够观察到鱼的活动，鱼大部分都聚集在取水口的附近。从取水口进入水田的鲫鱼、鲇鱼及泥鳅在充足的水源下会长得十分肥美。别忘了在排水口的管道处安装长纱网防止稻鸭逃跑哦。纱网的前端要放在排水渠的水流当中，这样，大雨过后，在这个网子内一定会有鱼或者水中生物。

水中生物 插秧后经过 1 周时间，在水田中会出现很多好像忙于工作的芝麻粒大小的生物，这些生物是水蚤。稻鸭的粪便是水蚤和浮游生物的营养来源。水中还有许多蝌蚪或者龙虱。放入稻鸭前的水田就是一个生命的小宇宙。稻鸭会吃掉很多鹄沼枝额虫和鲎虫，但是有意思的是这些生物的数量每年还是会大量增加。鹄沼枝额虫和鲎虫 1 个月之后就会死亡，但是水蚤会周期性增加。

昆虫 在水稻的根株上生长有很多虫子。可以准备一张黑纸，敲打水稻根部，使这些虫子落在黑纸上，再进行观察。通过这种方法还可以调查白背飞虱、稻褐飞虱、跳虫等。但是，首先最重要的是用自己的眼睛从上到下观察水稻的叶子。蜘蛛或者黑尾叶蝉附着在水稻叶子上面的情况比较多。

杂草 将稻鸭放入水田，水瞬间就会变得浑浊。插秧后 1~2 周，杂草开始出现，在浑浊的水内看不见杂草。因此，在水田当中搭建简单的围框，使用手动水泵抽出里面浑浊的水，然后观察水底的杂草吧。如果在同一地点持续观察的话，就会明白杂草的生长状况和稻鸭带来的影响效果了。这个围框就叫做青草区吧。

鲫鱼

鲇鱼

泥鳅

蝌蚪

龙虱

水蚤

鹄沼枝额虫

鲎虫

标记棒

使用亚克力板等插入土壤中搭建围框，然后抽出当中的水。

哦……

13 抽穗后，收集稻鸭吧

水稻正在健康地生长吗？所谓分蘖是指在靠近根部的茎节上生出许多分枝。出现分蘖的7月左右，放掉水田中的水，落干3~5天，直到表面出现少许裂纹。这样，水稻的根部能够充分接触氧气，水稻能够健康生长。水田落干后1个月左右，水稻终于抽穗了。虽然稻鸭不吃水稻的叶子，但是非常喜欢稻壳。所以，水稻抽穗之后，就要将稻鸭从稻田中收回。水稻的品种不同，播种及插秧时期不同，抽穗的时间也会不同。每天给稻鸭喂食时，顺便注意观察水稻就会知道抽穗的时间了。

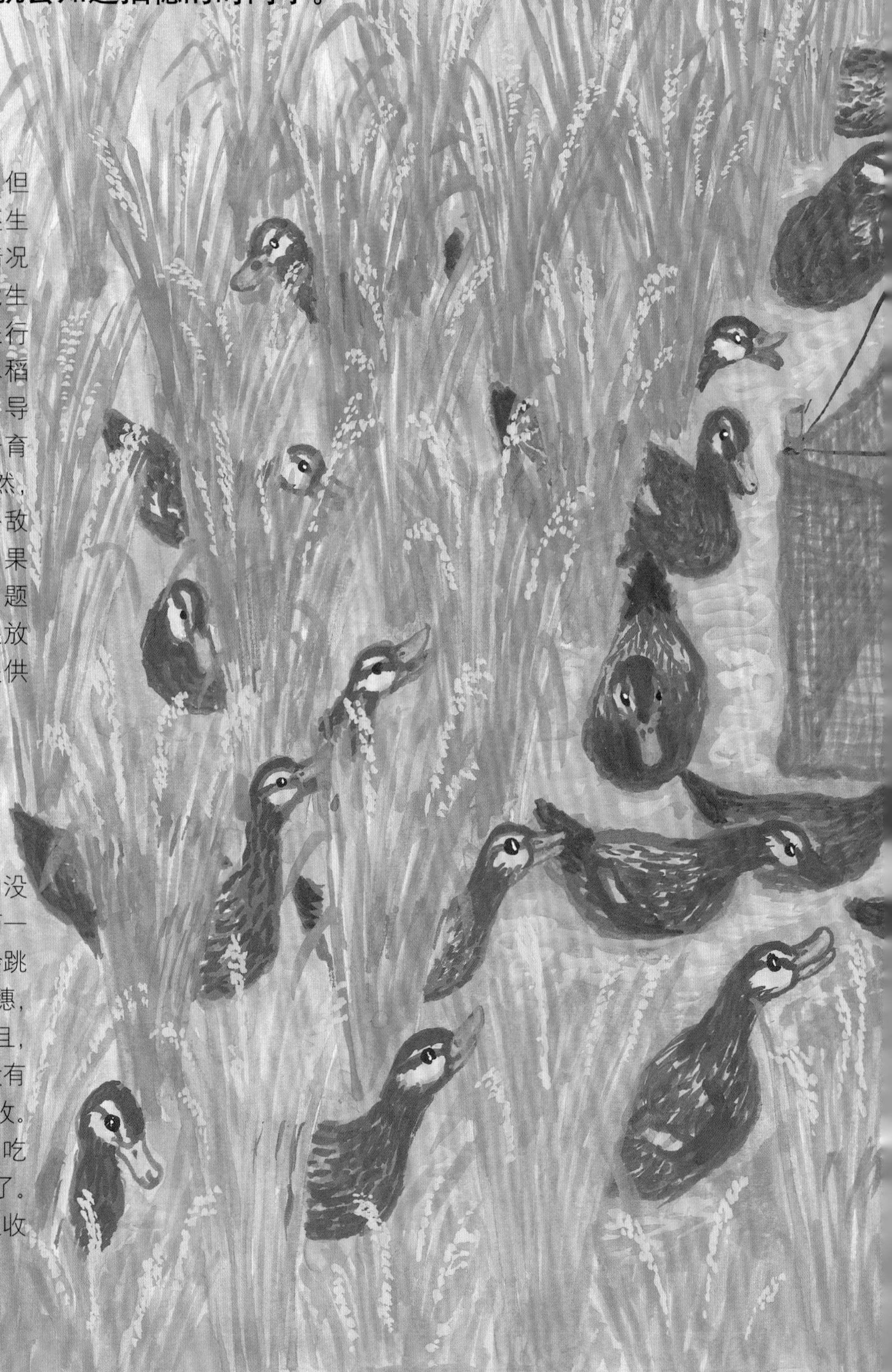

落干期间

普通的稻作几乎都会进行落干。但是，稻鸭共作时，由于水田内还生活着稻鸭，因此不进行落干的情况比较多。即使不落干，水稻也能生长。但8~9月遇到台风时，不进行落干的水田土壤会开始松动，水稻根部漂浮，无法支撑整株水稻，导致水稻歪斜。所以，为了健康培育水稻，最好稍微实施落干。当然，如果水田没有了水，稻鸭受到外敌攻击的概率也会变高。此时，如果管理好电力栅栏，应该就没有问题了。另外，不要忘记在取水口处放置一个大的塑料容器，为稻鸭提供饮用水。

抽穗之后回收

实际上，水稻抽穗后，如果稻壳内没有任何东西，稻鸭是不会吃的，而一旦稻穗成熟，向下倾斜，稻鸭就会跳起来吃稻穗了。一旦它们开始吃稻穗，就很难再聚集它们喂食饲料了。而且，回收稻鸭时也会变得非常辛苦。没有抽穗时，稻鸭还会跳起，方便回收。但是，抽穗后，稻鸭开始能够自由吃稻穗，逐渐就不会聚拢来方便回收了。所以，抽穗之后，就立即从稻田里收回稻鸭吧。

稻鸭的聚集方法

即使你每天与稻鸭打招呼，给它们喂食，关系逐渐变得亲密，但是〝捕抓〞对于稻鸭来说仍然是一件恐怖的事情。每天喂食时，进入休息场中，如果用手给稻鸭喂食，捕抓时可以一只一只悄悄地抓，然后放入笼子当中。通常不会这么简单抓到的哦。氛围与平常不同时，鸭子是可以感觉到的。因此，最好在捕抓 2 周前，如图所示拉上网子，每天在网子里面喂食。稻鸭们最初会很警觉，逐渐习惯后就会像平常一样吃食了。为了确定能够全部抓到，抓捕前 1~2 天，最好停止喂食。喂食当天，饥肠辘辘的稻鸭都会跑到饲料场中。待聚集到饲料场后，用丝网或者胶合板紧紧关闭入口。然后，再给稻鸭喂食。稻鸭不能忍受空腹，会专注地吃食。这样就可以一只一只慢慢地捕抓了。关键是事前做好充分准备，你自己绝对不可以慌张。一定不要落下任何一只哦。如果剩下 1~2 只，它们以后就会非常戒备，不容易抓到。即使是喂食，稻鸭也可能不聚集过来，这时大家要一起追赶稻鸭，将稻鸭赶进网子当中。这说起来很容易，其实做起来很难，需要手握竹竿去赶稻鸭，然后将它们慢慢赶入围栏当中。不能慌张，关键是稻鸭们如果停下来，你也要停下来，稻鸭们前进，你也要前进，不要吓到稻鸭哦。详细的方法参考书后详细解说。

14 让稻鸭增肥

稻鸭是我们的家禽，它为我们辛勤工作，帮助我们种植水稻，是非常可爱的动物。在固定的季节，养鸭人通常会从水田捞起稻鸭，给它们充分喂食碎米，让它们增肥。那么，为什么要让稻鸭增肥呢？在这里，让我们一起看看稻鸭的生命轨迹吧。

最佳时期是长膘的冬季

你知道“红叶”吗？秋季 11 月左右，山上的树叶渐渐变为红色或者黄色。红叶、银杏叶非常漂亮。实际上，到了这个时期，稻鸭也开始美丽变身。特别是雄性稻鸭头部青绿色的羽毛会变得十分鲜艳闪耀。初霜开始的时候，也是吃稻鸭的最佳季节。“最佳季节到底是什么？”那就是稻鸭变得好吃，最适合于吃稻鸭的季节。萝卜、香菜和葱也变得好吃的时候，也就到了吃鸭肉锅的季节。

切断动脉放血，然后拔毛。具体的顺序参照书后解说。

在小屋和收割后的稻田给稻鸭喂食，让其增肥

从水田带回的稻鸭要在小屋里或者收割后的稻田中一直增肥到冬季。虽说是收割后的稻田，你带回稻鸭时，那片田里还会留有水稻，不能立即放稻鸭回去，所以最好还是为稻鸭建造一间小屋吧。在小屋的下方安装高1米左右的木板，并安装金属网防止狗或者狐狸冲破网子袭击稻鸭，因为狗或者狐狸不能站起来冲破网子。为确保安全，最好在板子上再安装绝缘子，然后拉上在稻田使用的电力栅栏，这样就万无一失了。小屋的面积最小为每10只稻鸭占地3.3平方米。此外，也可以将稻鸭放入收割后的稻田中，但要使用电力栅栏围起来，因为此时田中没有水，稻鸭很容易受到外敌袭击。饲料选用人类不能食用的碎米，这回可以充分喂食，目的是让稻鸭增肥。我们吃剩下的面包或者剩饭等也可以成为稻鸭的食物。

屠宰。获得生命而生活

深秋时节，在稻田内活蹦乱跳的稻鸭已经胖得圆滚滚了。怎么办呢？把稻鸭宰杀后吃肉吧。"好可怜……"的确会感到很残忍，但是你每天都要吃鸡肉、牛肉、猪肉、鱼肉、蔬菜和米饭吧？为什么鸡、牛、猪、鱼、蔬菜和大米就不觉得可怜呢？稻鸭和鸡、牛、猪、鱼、蔬菜以及大米一样，只有一条"生命"。而你之所以觉得稻鸭可怜，是因为你觉得它与在肉店花钱购买的鸡肉或者牛肉不同，你一直关注着它在水田里成长的样子，与它心气相通。"有生命的生物为了活下去，必须要吃有生命的生物"。稻鸭让我们深深感受到"生命"的存在。如何对待稻鸭，需要我们认真思考，才能够更加理解生命的意义。

15 吃完整只鸭子吧！

据说，在野禽当中鸭子的肉非常好吃，所以自古以来，我们就享用着很多鸭肉美味，比如我们都知道北京烤鸭、南京桂花鸭、樟茶鸭等。在日本各地也流传着许多用鸭子制作的乡土菜肴，著名的加贺（金泽）的“治部煮”、近江（滋贺）的“鸭肉火锅”以及出云（岛根县）的“鲍鱼壳烤鸭子”等等，作为冬季的菜肴受到人们的欢迎。在稻田中茁壮成长的稻鸭味道香醇，有着野生鸭子一样的味道。它不仅好吃，还富含矿物质、维生素类、不饱和脂肪酸，非常有助于健康。

烤鸭片

鸭肉中，肉量最多的部位是鸭胸。鸭子展开羽毛拍打翅膀时，使用的就是鸭胸的肌肉，称为鸭胸肉。现在介绍简单且最美味的烤鸭肉的制作方法。

①在双手上撒上一小撮盐，然后像包肉一样揉搓鸭肉。②大火加热平底锅，不使用油，从皮开始烤制。翻面三次左右，将两面烤得恰到好处。③皮变为浅咖啡色后关火，将肉放在盘子上，为了让表面稍微凝固，放在冰箱内 1~2 小时进行冷却。④沿着肉的纤维直立切成薄片，然后加上青葱，蘸生姜酱油或者柚子醋食用。

鸭肉饭

与鸭胸里脊肉相比，鸭子大腿肉的量就少多了，但是仍然是鸭子身上肉量第二多的部位。大腿肉可以像刚才介绍的鸭胸里脊肉一样烹调，但是如果制作鸭肉饭的话，只使用一只鸭子的大腿肉和皮就可以制作 20 人份左右的鸭肉饭。

材料：鸭肉（大腿肉、脖子皮、肥肉、鸭翅的皮和肉）……碎肉 100~120 克；牛蒡……薄片 100 克；胡萝卜……细长丝 100 克；干香菇……细丝 3 朵；盐……10 克；酱油……50 毫升；米……约 135 克；水和泡发香菇的水……合计 1 升

①在锅中放入鸭肉充分翻炒。炒出油脂后，继续加热肉和皮，充分翻炒直到油脂变为透明。②按顺序加入牛蒡、胡萝卜、香菇，继续翻炒。蔬菜附着上鸭子的油脂，出现香味。③整体加热，使用盐和酱油进行调味。④将事先洗好沥干的米放入锅中，加入水和泡发香菇的水，然后加入炒好的材料进行烹煮。不久就可以出锅了。做成饭团也很好吃哦！

详解鸭

亚洲的鸭子水田放养

亚洲各国都有在水田放养鸭子的传统。中国的农业书籍中记载有："13~14 世纪时，中国南部的农业劳动者在实践中创造出水田放养鸭子的方法。"鸭子会自然地进入有水的水田中，所以人们一般认为鸭子的水田放养在亚洲各地是自然而然开始的。

传统的鸭子水田放养是在没有栅栏的水田里放入鸭子。鸭子为了寻找食物，穿越田埂逐渐向稻田移动。该技术的主要目的是育肥，也就是给鸭子增肥。顺便说一下，在网或者电力栅栏围住的水田中进行的稻鸭共作，主要目的是为了同时培育水稻和稻鸭。

在日本，据说丰臣秀吉非常鼓励鸭子的水田放养。昭和 20 年（1945 年）左右，日本各地的水田开始实施鸭子的水田放养。这就是传统的鸭子水田放养。

一鸭万宝，水田中的稻鸭非常有趣（8~9 页）

如果将稻鸭放入水田中，会延伸出"一鸭万宝的世界"（下图）。稻鸭给水稻带来的效果（小圆）和水田给稻鸭带来的效果（大圆）。这些效果都是综合且同时进行。

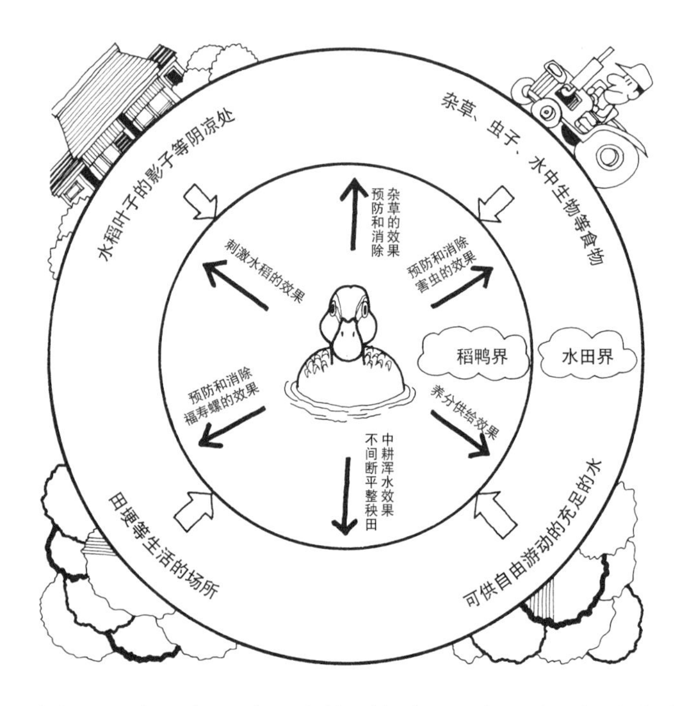

选自《稻鸭万岁》（古野隆雄 / 著 富田一郎 / 绘）部分修改

养分供给效果 稻鸭在稻田中吃了些什么呢？经调查稻鸭胃中的内容物发现，一只稻鸭共吃了正颤蚓、黑尾叶蝉和白背飞虱等肉虫或者昆虫 1 033 只，以及碎米、茵草的种子和浮萍等 478 个植物。这些食物都会变为粪便，成为水稻的养分。采用稻鸭共作，1 000 平方米放养 20 只稻鸭的雏鸭，2 个月内会产生约 200 千克的粪便。这些都会变为水稻的肥料。

F 效果 稻鸭使用鸭喙或者脚将水弄浑浊的效果称为"不间断平整秧田中耕浑水效果"，简称为"F 效果"。可能大家对此还有不理解的地方，总之，它通过将水弄浑来抑制杂草生长，使稻田的土壤变得像布丁一样柔软。土壤分为三层，上面为颗粒细小的土壤，中间为大小适中的沙子，下层为颗粒大的沙子，这样有水时保水性好，如果排出稻田中的水，会马上变干，有益于水稻的生长。

对水稻的刺激效果 有意思的是放入稻鸭的稻田中的水稻，和其他稻田有着不同的姿态：茎变粗，茎数变多，朝天伸展，十分结实。这被称作稻鸭形式的水稻，是由于稻鸭用鸭喙啄食水稻的根部，通过随时碰触来给予刺激而形成的。你也来试一下刺激效果的实验吧。准备两个一样大小的水桶，在每个水桶里各种植一棵大小相同的水稻秧苗。每天用手敲打其中一个水稻的根部，施加刺激。三周后，该水桶中的水稻会变为稻鸭形式的水稻。

水稻的栽培日历，稻鸭的饲养日历（12~13 页）

育苗 尝试自己育苗。稻鸭共作中，最重要的是培育结实的秧苗。因此，要稀播来减少播种的量。手工栽培为前提的育苗方法主要有以下三种。

①箱式育苗 这通常是农民使用插秧机栽培育苗的一种方法。该秧苗也能够手工种植。每个幼苗箱播散 40 克左右的种子，培育结实的秧苗。

②盆栽育苗 用特殊的幼苗箱将每株苗变成一个盆栽，能够培育体格结实的秧苗。每 1 000 平方米的箱数为 30 个，播种量为每个坑 2~3 粒，育苗期为 35 天。能够培育结实的 5.5 叶的秧苗。

③旱育苗 手工种植的情况时，该方法可能是最简单的育苗方法。播种量 3.3 平方米 0.36 升。如果在 1 000 平方米的稻田上种植秧苗，需要 16.5~23.1 平方米的苗圃。育苗期为 40 天左右。能够培育出结实的秧苗。

平整秧田和插秧的要点 平整秧田的目的：①平整稻田地面，消除杂草，更加容易插秧。②防止稻田的水流失。③掩埋或者挖出土中已经发芽的杂草或者其种子等。稻鸭共作时，为了防止和消除杂草要尽可能平整秧田。在稻田内灌水，配合水面进行平整。插秧的要点是尽可能稀植。可以选用30厘米 ×30厘米、30厘米 ×26厘米或者30厘米 ×24厘米的稀植方式。每一株的插秧数为2~3棵。

水田的水管理 如果水过浅，稻鸭的雏鸭会变得全身是泥，如果水过深，稻鸭的蹼和鸭喙将不能触及稻田地面，这样就会出现杂草。每天细心观察是非常重要的事情，因为稻鸭被放入稻田后会逐渐长大。插秧后，将稻鸭放入水田前的1周内，应保证水的深度不要完全没过秧苗，这样就能够抑制杂草生长了。即使深水内生长杂草，但由于根部不发达，因此在水田放入稻鸭后，会轻松浮上来。相反浅水的话，会出现许多稗子等杂草。

稻鸭的雏鸭诞生了！（14~15页）

水田的面积或者雏鸭的数量 1 000平方米水田能够放养15~30只稻鸭。使用除草剂的稻田很少生长杂草，所以有时即使放养15只以下的稻鸭,也可以抑制杂草生长。但是,综合考虑到防止害虫、养分供给和刺激效果等其他效果,每1 000平方米放养20只左右最合适。首次稻鸭水稻同时操作的情况时，稍微多放一些比较好。

雏鸭的购买方法以及领取方法 雏鸭的购买处可以参考书后解说。能够直接通过电话向孵化场订购，但是首先要充分确认该孵化场稻鸭的种类，再进行订购。然后，明确送货时间。原则上插秧当天送到。最好在1~2月，最晚3月左右完成订购。这样一来，孵化场的人就可以有计划性地生产雏鸭了。通常，雏鸭通过快递送货，所以可以给快递公司打电话，请他们尽早送到。在配送中心等长时间放置雏鸭时，最好自己亲自到配送中心取货。

育雏的要点 畜产灯泡一定要吊在空中,不要接触任何东西,以免发生火灾。在育雏箱上放上拉好金属网的门，然后在上面盖上塑料布。注意观察雏鸭们的情况。如果状态好,雏鸭会喝水,到处跑动,在畜产灯泡附近伸展鸭脚或者睡觉。这期间，你要代替稻鸭的妈妈，一边喂食，一边观察稻鸭喜欢吃哪种杂草。杂草的种类有很多哦。

如果选用的喂水容器的大小能够让稻鸭进入的话，稻鸭会在里面举行游动大赛，育雏箱中会变得湿漉漉的。如15页图中所示，安装给水器，这样，稻鸭喝水时溢出的水就会储存在下面的泡沫塑料板中了，需要时可以将储存的水倒掉。给水器在每天喂食时，一天清洗3次。随时用刷子清洗给水器的内部，保持水的清洁。

插秧后，安装预防外敌的电力栅栏和拉上尼龙线（16~17页）

保护稻鸭不受外敌袭击 在外面，狗、狐狸、狸猫、黄鼠狼或者乌鸦等可怕的外敌在伺机抓捕稻鸭。外敌袭击稻鸭是遵循了“先发现先食用”的自然界规则。人类培育水稻或者稻鸭是工作,外敌为了生存而袭击稻鸭也是工作。你胜利,还是外敌胜利，是有趣的智慧的较量。这个游戏只有一个规则，那就是不能使用“毒药”，正大光明地比赛吧。

野狗对策和电力栅栏 栅栏共有两种,物理栅栏和心理栅栏。动物园的大猩猩的笼子是物理栅栏。大猩猩为什么不会逃到外面呢？那是因为栅栏的缝隙比大猩猩的身体狭窄。还有一种是心理栅栏。这是外敌凭借能力可以侵入，但在心理上却不愿侵入的一种栅栏。两种栅栏的优胜者是电力栅栏。电力栅栏使用12伏的电池,将电压放大为9 000伏左右,每0.1秒产生一次电流。如果触摸，会被电击。如果插秧结束，就立刻安装电力栅栏吧。

插秧10天后，嘿，将雏鸭放进水田里吧（18~19页）

为什么必须在2周以内将稻鸭放入稻田呢？这是为了防止杂草和害虫的出现。大部分杂草在插秧2周后会大量出现。趁着杂草没有出现或者还很小的时候，在稻田中放入稻鸭是关键。

如果超过2周，水田的强敌——水田稗的叶子会变为3枚，根部已经牢牢扎根。此时，即使是稻鸭也会束手无策，因为稻鸭不吃稻科稗子的叶子。但是，如果2周以内，使用鸭喙或者蹼来搅拌泥土，已经发芽的稗子会浮上水面，或者稗子的种子会沉入泥土当中，可以彻底消灭稗子。

此外，如果害虫浮尘子在水稻的根部产卵，稻鸭吃不完这些虫卵，就不能有效预防和消灭害虫了。有的地区在插秧2周左右后，飞来的浮尘子就会在水稻的根部产卵。所以，在害虫飞来前，一定要将稻鸭放入水田中。

每天和稻鸭打招呼并喂食吧（20~21页）

精神饱满地问候 每天问候稻鸭的话，稻鸭一定会发出回应的。只要每天注意观察，就会发现稻鸭的变化。这样，稻鸭们也会记住你的。

电力栅栏的检查 毋庸置疑，在电力栅栏上没有通入电流，电力栅栏也就失去了效果。因此，每天早上应使用验电器来确认电压。通常采取6段表示，显示为6或者5。显示3

以下的时候，应按以下三点进行检查：(1) 电池电力是否变弱。电池每季至少需要充电 1~2 次。(2) 电力栅栏的电线是否接触地面或者水。(3) 是否有大量杂草接触到电力栅栏。如果弄清原因，立即修复。

这时该怎么办 稻田中的稻鸭一直都很健康。尽管几乎不会患病，但是在梅雨期结束进入盛夏时，天气变得炎热，稻田中的水温将到达 40℃左右，在偶然排水不良的稻田中，稻鸭会突然变得没有精神，这种情况被称为西部鸭病。如果稻鸭生病，将不能走动。这时，立即将稻鸭带到凉爽（地面上）的地方。然后，请教兽医后，领取药物安比西林，帮助稻鸭服下该药，但是也会出现死亡的情况。天气炎热时期，应通过流水来降低水温，这种利用水资源使稻鸭健康生长的工作是十分重要的。

观察水田。水田发生了什么变化？（24~25 页）

对照区和青草区 建造对照区进行观察，随着时间的流逝，对照区中的杂草不断增加和生长，还会出现害虫。相反，稻鸭区由于稻鸭存在，杂草和害虫明显减少。让我们试着使用"粘虫板"或黑色纸来观察青草区及稻田的虫子吧。

观察结束后，去掉青草区，在对角点插上带有标记的两根竹竿。然后，2~3 天后，在同样的地方再次立起青草区，使用手动水泵抽干水进行观察。这样，持续在相同地点的观察，就会明白杂草是如何产生的，稻田水鸭是如何除草的。同时，也会弄清稻田中水中生物的变化和土壤状况的变化。

如果放入稻鸭，生物种类增加 "稻鸭什么都吃，所以稻田中的生物会变少"——如果仅用头脑思考的话，有人可能会这么觉得。但是，如果实际观察一下水田当中的情况，你会惊讶地发现稻鸭水田中生物种类非常丰富。

插秧后 1 周左右，在水田中会产生很多生物。体长不足 2 毫米的茶色芝麻粒一样的小生物，好像很忙似地游动，这是水蚤。全身半透明，脚像是翡翠绿的虾一样的生物在悠闲地游动，这是鹄沼枝额虫。在水底，长着许多 3 厘米左右的脚，像是头盔一样的生物在到处爬，这是鲎虫。偶尔能看到透明和茶色的双壳贝形状的生物在游动，这是鳃足虫。其他还有蝌蚪、黄条龙虱、水虿、锤田螺……水中，仿佛是一个微型宇宙。

稻田中放养的稻鸭会乐此不疲地吃着这些生物。但是，有意思的是在稻鸭水田中每年还会大量出现这些生物。水中生物的种类和数量比周围普通的稻田还要多。

因为有适当的水深，在稻鸭稻田中有很多鲫鱼、鮠鱼和泥鳅等鱼类，而且非常肥美。稻鸭的粪便会成为植物性浮游生物或者水蚤的营养源，然后鱼食用这些生物，变得肥美。

抽穗后，收集稻鸭吧（26~27 页）

稻鸭非常喜欢杂草或者害虫，但是不吃水稻的叶子，非常难得。如果你也尝试吃一下水稻的叶子，会发现非常难吃。这是由于水稻富含硅酸成分，所以很难吃。但是，稻鸭非常喜欢吃稻谷（水稻的果实）。所以，开始抽穗时，需要从水田里带回稻鸭。

稻鸭的召集方法如 27 页所示。当采用喂食的方法也无法聚集稻鸭时，如图所示，三人每人手拿竹竿进入稻田，用竹竿敲打水稻的叶子，一边追赶稻鸭，一边缓慢前进。

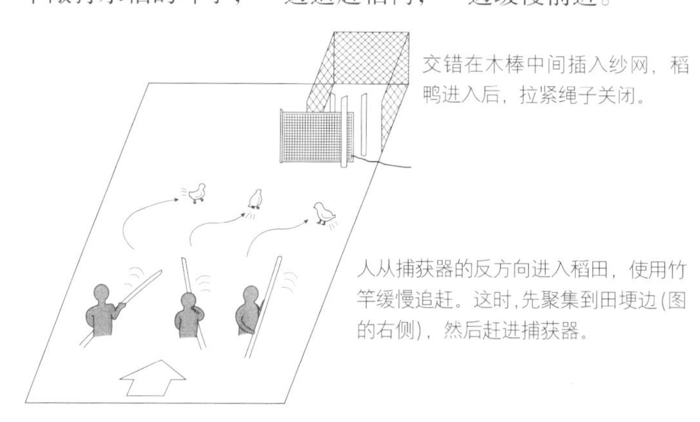

选自《无限扩展的稻鸭共作》(古野隆雄 / 著 日本农山渔村文化协会) 部分修改

让稻鸭增肥（28~29 页）

稻鸭的屠宰、拔毛和去除内脏 稻鸭从屠宰前一天开始绝食。

①交叉稻鸭左右的翅膀，在膝盖中间夹住稻鸭的脚防止活动。使用左手抓住鸭喙拉到屁股方向，充分拉直脖子。用右手的刀从喉咙侧切开脖子宽度 1/3 的切口（一个人进行的情况）。

②直到出血，然后反方向吊起。

③为了更加容易拔毛，抓住两只脚将稻鸭的身体全部浸入事先煮沸的热水中，然后立即浸入冷水中。

④麻利地拔毛。首先从翅膀或者大的羽毛拔起，然后是整个身体的羽毛。由于还残留有叫做纤毛的短的羽毛，需要认真拔毛。

⑤使用流水冲洗整只鸭子，然后用手巾充分擦干。使用煤气的火焰等烘烤整个身体，去掉残留的羽毛。如果充分擦掉这时烤出的油脂的话，不会留下异味。

⑥切掉鸭头，剥下嗉囊，打开食道。切掉泄殖口的周围部分，取出内脏，注意不要弄破肠子。

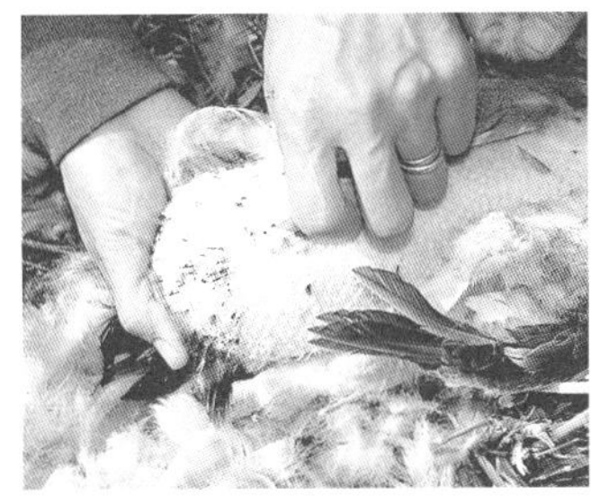
黑色的是纤毛

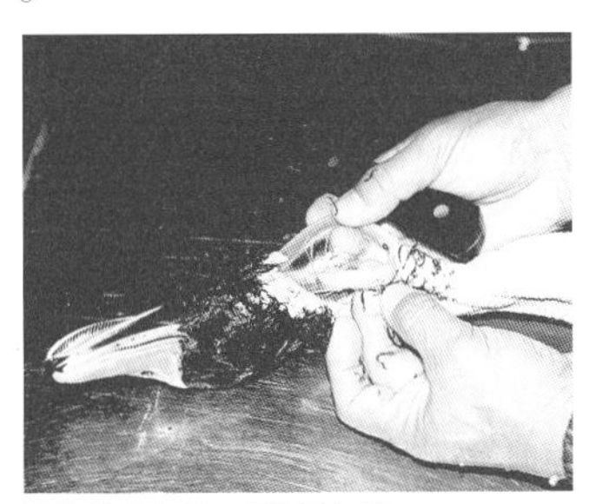
柔软的是食道，硬的是气管。

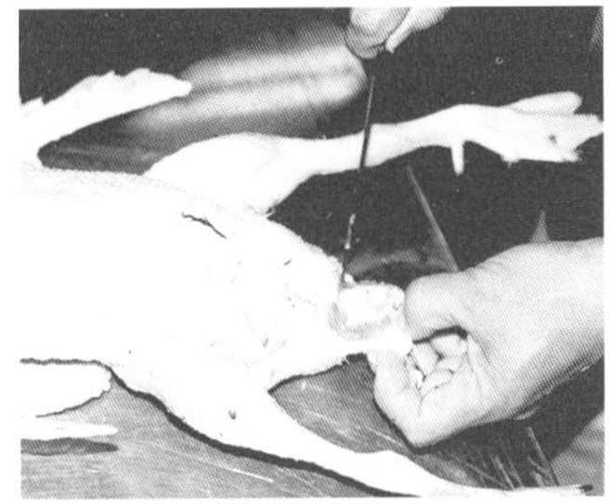
切掉泄殖口的周围部分

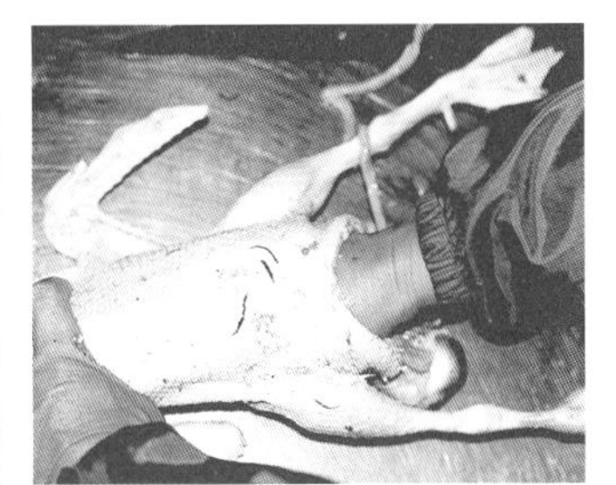
取出中间的内脏

水田生活的绿萍和泥鳅，田埂上的无花果

在水田内放入稻鸭 4 周后，通过观察能够看到的杂草变得稀少。这对稻作来说非常有利，但是稻鸭会很困扰。这是因为作为稻鸭食物的草没有了。为了解决这个矛盾，有时会使用叫做绿萍的浮草。绿萍可以固定空气中的氮元素，并将其转化为稻鸭的肉、粪便和水稻的养分。此外，如果在水稻 + 稻鸭 + 绿萍的稻田中放入泥鳅的话，会变得非常有意思。稻鸭的粪便成为营养源，浮游生物或水蚤的数量增加，这些将成为泥鳅的绝佳食物。

在稻鸭水田的田埂上，尝试种植无花果树苗吧。平整地基后，如果将 30 米 ×100 米的稻田统一排列，会显得非常无趣。可是实施上述措施，到了秋季，就可以从每片稻田中同时获得米饭（大米）、菜肴（鸭子、泥鳅）和水果（无花果）。非常有趣吧？

后记

自从和稻鸭相遇，我才注意到农业真正的乐趣。自那以来，我对水田作业及旱田作业有了更多的创意，希望可以借此让自己的工作更加有趣。

从“水稻”到“水稻 + 稻鸭”，到“水稻 + 稻鸭 + 绿萍”，再到“水稻 + 稻鸭 + 绿萍 + 泥鳅”，我的稻田逐渐变得热闹起来。我还在稻田的田埂上种植了无花果和花苗。所以，到了秋季，在我的稻鸭水田里可以同时收获米饭（大米）、菜肴（鸭子、泥鳅）和水果（无花果）。

以此为契机，1992 年以来，我访问了亚洲各地的水田地带。现在，稻鸭共作遍及韩国、中国、越南、菲律宾、印度尼西亚、泰国、柬埔寨、老挝、马来西亚、孟加拉国和伊朗等亚洲各国和地区。

2004 年，中国在 20 万公顷的稻田里进行了稻鸭共作，这已经可以和同年在日本九州地区的水稻种植面积相匹敌了。

我希望大家在成为这本绘本的读者的同时，也能够成为一名实践者，可以和老师、同学、父母及农民商量，亲自去实践和体验稻鸭共作。通过实际体验，能够获得比书本阅读更多的快乐，能够发现更多有趣的事情，能够学到更多的知识。

大家通过书本、报纸、广播、电视以及电脑等获得的信息是人工信息，在稻田里直接获得的信息是自然信息。人工信息是经过整理的信息，而自然信息是未经处理的信息，不仅是眼睛和耳朵，更是通过全身感受到的信息，所以非常有趣。到稻田里直接学习自然信息吧。

我们可以从稻田中获得许多东西，它可是无价之宝哦。

想要问候鸭子的夏季早晨 合掌

古野隆雄

图书在版编目（CIP）数据

画说鸭 / (日) 古野隆雄编文 ; (日) 竹内通雅绘画;
中央编译翻译服务有限公司译. -- 北京：中国农业出版
社, 2018.11
（我的小小农场）
ISBN 978-7-109-24421-4

Ⅰ. ①画… Ⅱ. ①古… ②竹… ③中… Ⅲ. ①鸭 – 少
儿读物 Ⅳ. ①S834-49

中国版本图书馆CIP数据核字(2018)第164809号

■写真撮影 · 写真提供
P10~11 アイガモのメス、アゼで休む中びな：岩下守（写真家）
水田で泳ぐアイガモ：赤松富仁（写真家）
ヒナ、チェリバレーのヒナ：高橋人工孵化場
卵の色：小倉隆人（写真家）
薩摩鴨（成鳥・ヒナ）：日本有機薩摩鴨孵化場
薩摩鴨（水田で泳ぐ）：蒼持正実（写真家）
青首種・チェリバレー（成鳥）：椎名人工孵化場
大阪改良アヒル：出雲章久（大阪府立食とみどりの総合技術センター）
マガモ：萬田正治（元鹿児島大学）
P35 毛抜き：岩下守（前掲）
上記以外：萬田正治（前掲）

■あわせて読んでもらいたい本
『合鴨ばんざい アイガモ水稲同時作の実際』古野隆雄著 農文協
『無限に拡がる合鴨水稲同時作』古野隆雄著 農文協
『わが家でつくる合鴨料理』全国合鴨水稲会编 農文協
『アイガモ家族』佐藤一美著 ポプラ社
『かもさんおとおり』ロバート・マックロスキー文・絵 渡辺茂男訳 福音館書店

古野隆雄

1950年生于日本福冈县。从九州大学农学部毕业后，致力于完全无农药有机农业。从事有机农业27年。种植3.2公顷的“稻鸭和稻作同时培育”稻田，经营1.2公顷的露天蔬菜田，养鸡300只，并直接销售收获的农产品。担任日本全国稻鸭水稻会代表干事。Social Entrepreneur of SCHWAB FOUNDATION（施瓦布基金会的社会企业家）。著作有《稻鸭万岁——稻鸭和稻作同时培育实例》《无限可能的稻鸭和稻作同时培育》（日本农山渔村文化协会）等。
邮编：820-0603
地址：福冈县嘉穗郡桂川町寿命824
电话和传真：0948-65-2018
邮箱：furuno@d4.dion.ne.jp

竹内通雅

1957年生于长野市。荣获第3届The・Choice年度大奖。著有作品集《ANOTHER》（光琳社出版），绘本《如果是南瓜……》《BUKYABUKYABU~》（讲谈社），《森林之屋》（比利肯出版），《章鱼气球》《喂，小熊一起玩耍吧》《象鼻虫宝宝 奇怪的样子》《DAMA》（架空社），《不行不行，猴子萨尔萨》（教育话剧）等。

我的小小农场 ● 12

画说鸭

编　　文：【日】古野隆雄
绘　　画：【日】竹内通雅
编辑制作：【日】栗山淳编辑室

Sodatete Asobo Dai 13-shu 65 Aigamo no Ehon

北京市版权局著作权合同登记号：图字 01-2016-5599 号

责任编辑：刘彦博
翻　　译：中央编译翻译服务有限公司
专业审读：常建宇
设计制作：涿州一晨文化传播有限公司
出　　版：中国农业出版社
（北京市朝阳区麦子店街18号楼 邮政编码：100125 美少分社电话：010-59194987）
发　　行：中国农业出版社
印　　刷：北京华联印刷有限公司
开　　本：889mm × 1194mm 1/16
印　　张：2.75
字　　数：100千字
版　　次：2018年11月第1版 2018年11月北京第1次印刷
定　　价：39.80元

ワワ〜
ピャ〜